David Mössner

Wissenschaftliche Absicherungen von Klimaszenarien in Medien

GRIN Verlag

Bibliografische Information der Deutschen Nationalbibliothek:

Die Deutsche Bibliothek verzeichnet diese Publikation in der Deutschen National-
bibliografie; detaillierte bibliografische Daten sind im Internet über http://dnb.d-
nb.de/ abrufbar.

Impressum:

Copyright © 2008 GRIN Verlag GmbH
Druck und Bindung: Books on Demand GmbH, Norderstedt Germany
ISBN: 978-3-640-74055-0

Dieses Buch bei GRIN:

http://www.grin.com/de/e-book/160928/wissenschaftliche-absicherungen-von-kli-
maszenarien-in-medien

Inhaltsverzeichnis

1. Einleitung: Katastrophe Klimawandel 3

2. Berechenbarkeit des Klimas 5

2.1 Klimamodell 6

2.2 Klimaszenario 6

2.2.2 Ausgewählte Klimaszenarien 7

2.3 Einschätzung der Klimaforscher 9

3 Klimawandel in der Öffentlichkeit 11

3.1 Konstruktion der Medieninhalte 11

3.1.1 Konstruktionsmechanismen im Kommunikationsprozess 11

3.2 Konsonanz in der Berichterstattung 14

3.3 Öffentlichkeitseffekt in der Klimadiskussion 16

4 Das Dilemma des Klimawandels 18

4.1 Der wissenschaftliche Konflikt 19

4.1.1 Überzeugung und Zweifel in der Öffentlichkeit 19

4.1.2 Überzeugung und Zweifel in der Wissenschaft 20

4.1.3 Warner und Skeptiker 21

5 Diskrepanz zwischen der Medienrealität und Klimaforschung 23

5.1 Einschätzung der Klimaforscher zur Klimaberichterstattung 23

5.2 Konkrete Beispiele aus den Medien 24

5.2.1 „The Day after Tomorrow" 24

5.2.2 „Eine unbequeme Wahrheit" 25

5.2.3 „The Great Global warming Swindle" 26

5.2.4 „Wir werden das Wuppen" 27

6 Entwicklungstendenzen und Fazit 28

7 Literaturverzeichnis 29

1. Einleitung: Katastrophe Klimawandel

Ein heißer Sommertag. 30 Grad im Schatten. Keine Wolke am Himmel. Solche Tage gab es in Deutschland schon immer. Heute und vor 50 Jahren.

Allerdings hat sich in den letzten Jahren die Sichtweise über solche Sommertage geändert:

Früher sprach man einfach von Hundstagen oder einer „Sauhitze". Diese Tage konnte man mit gutem Gewissen genießen. Doch diese Zeiten sind passe. Heutzutage wird für jedes Wetterextrem der Klimawandel von den Medien als Ursache herangezogen und natürlich entsprechend aufgemacht. Der Mensch als Verursacher steht dabei oft im Mittelpunkt.

So ist das Thema Klimawandel in den letzten Jahren zu einem der dominierenden Themen in der Medienlandschaft geworden. Natürlich hängt das von der Aktualität des Themas ab: Das Klima wandelt sich in der Tat, aber dies geschieht schon seit Jahrzehnten. Markante Hinweise auf die Problematik gab es bereits vor über 20 Jahren. Populäres Beispiel ist die Pressemitteilung des „Arbeitskreis Energie" der Deutschen Physikalischen Gesellschaft, die 1986 vor einer bevorstehenden „Klimakatastrophe" gewarnt und damit einen Begriff geschaffen hat, der noch heute aktuell ist. Nur fünf Jahre später, 1991, hat der Weltklimarat (IPCC) zum ersten mal seine Prognosen zur Klimaänderung veröffentlicht und führt dies seit dem im Fünf - Jahres - Rhythmus fort. Es muss folglich noch andere Gründe für den Klima-Hype in den Medien geben.

Analysiert man die Berichterstattung der letzten Jahre und Jahrzehnte kristallisiert sich heraus, dass die Medien zu Anfang durch einzelne spektakuläre und nicht minder spekulativen Katastrophenberichte eine wachsende Zahl von Menschen, gerade auch Journalisten, auf das Thema aufmerksam gemacht haben.

Zeitgleich sind andere einst für die Medien profitable Umweltthemen wie das Waldsterben oder die Landversiegelung unrentabel geworden, da sie auf Dauer an Reiz eingebüßt haben, trotz gleich bleibender Problematik. Natürlich reagierten auch die Politiker auf diese Themenverlagerung. Sie nutzten die Medien als Sprachrohr, um ihre Position in der Klimadebatte öffentlich darzustellen. Je extremer und eindeutiger die einzelnen Positionen umso besser. „Global statt Lokal" heißt bei vielen dieser Klimaanwälte nun die Devise.

Als Folge dieser Entwicklung mussten die Medien ihr selbst geschaffenes Interesse in der Bevölkerung durch eine Vielzahl dramatischer Berichte befriedigen. Dabei stellte sich heraus, dass Naturkatastrophen sehr gut mit dem Klimawandel verknüpft werden konnten und diesen veranschaulichten.

Die Berichterstattung über die Klimadebatte hat durch die Dramatisierung der Medien eine Eigendynamik entwickelt, die schon längst nicht mehr nur auf den Klimawandel selbst zurückzuführen ist. Es ist ein Rückkoppelungsprozess in Gang gekommen, der alte Ängste, die schon vor Jahren entstanden sind durch immer neue Katastrophen am Leben erhält.

Im System von solcher Eigendynamik haben die Medien eine Schlüsselrolle eingenommen. Seit den letzten Jahren wird sie aber auch durch andere Akteure vorangetrieben, die in eigenem Interesse öffentlich Stellung nehmen. Die UNO hat beispielsweise im Klimawandel eine neue Legitimationsbasis gefunden.

Die Klimadiskussion wird aller Voraussicht nach auch in den nächsten Jahren an Leidenschaft und Intensität gewinnen. Insbesondere, wenn neueste Erkenntnisse oder Modelle von aktuell vorherrschenden Katastrophenszenarien, zumindest teilweise, abweichen. Diese Tendenz konnte nach der Veröffentlichung des neuen Weltklimaberichts 2007 beobachtet werden.

Die Verwirrung, die aufgrund der Diskussion um den Klimawandel entstanden ist, legt sich wie ein dicker Nebel über das Thema und verdeckt oftmals die schwächer herausstechenden Darstellungen. Daher ist es bei der Verfolgung des Themas um so wichtiger geworden eine objektive Wahrnehmung zu behalten. Es stellt sich also stets die Frage nach der Qualität und Validität der Berichterstattung:

Inwiefern sind die Horrormeldungen und die mediale Berichterstattung wissenschaftlich abgesichert? Anhaltspunkte können dabei angesehene wissenschaftliche Publikationen geben. Eine andere Möglichkeit die Klima-Medien Problematik zu analysieren, stellt die Befragung der Klimatorscher dar: Wie schätzen sie die Qualität der Berichterstattung über ihr Themengebiet ein? Wie beurteilen sie den Wissensstand ihrer Forschung? Gibt es sicheres Wissen auf diesem Gebiet?

2. Berechenbarkeit des Klimas

Die Grundlage für die Berichterstattungen in den Medien sind feste Annahmen. Sie bilden die Rechtfertigung für jede Meldung. Diese Annahmen können entweder richtig sein, aber eben auch falsch. Unabhängig davon wird sich das Problem und dessen Lösungsansätze wegen der Handlungen, die aufgrund der Annahmen getroffen werden, entsprechend weiter entwickeln.

Angewandt auf die öffentliche Klimadebatte müssen folglich einige Annahmen als Basis vorausgesetzt werden:

- Das Klima muss (näherungsweise) berechenbar und die zukünftige Entwicklung prognostizierbar sein.
- Der Klimaverlauf der letzten 100 Jahre ist außergewöhnlich im Vergleich zur Klimageschichte davor, verursacht durch anthropogenen Einfluss.
- Die letzte Annahme bezieht sich auf die Folgen des vorhergesagten Klimawandels: Diese bergen große Gefahren für den Menschen und die Natur. Die Reduktion von anthropogenem CO_2 kann den Treibhauseffekt mildern und so die Folgen abschwächen.

Diese Annahmen werden in der öffentlichen Mainstream - Diskussion als gültig angesehen. Die Klimaforscher sind sich bei der Erklärung des Temperaturanstiegs allerdings nicht einstimmig einig. Es wird auf Unsicherheiten und Wissenslücken hingewiesen, sogar alternative Erklärungsansätze werden diskutiert.

In einem Punkt herrscht innerhalb der Klimaforscher allerdings Einigkeit: Das Klima ist extrem schwer vorherzusagen. Wie komplex das Thema ist, sieht man täglich im Wetterbericht. Die Prognose für den nächsten Tag mag meist relativ zuverlässig sein, aber bereits ab drei Tagen nimmt die Zuverlässigkeit ab. Das Klima für die nächsten 20 oder sogar 100 Jahre vorherzusagen scheint beinahe unmöglich. Man muss jedoch festhalten, dass es sich hierbei nicht um Prognosen im eigentlichen Sinne handelt. Klimaforscher sprechen bewusst von Projektionen. Diese Begrifflichkeit will den großen Unsicherheiten und Schwankungsbereichen der Modelle Rechnung tragen. So basiert eine Projektion auf zahlreichen Annahmen über die zukünftige Entwicklung, sei es technischer oder sozioökonomischer Natur.

Die Berechnung des Klimas erfolgt Mithilfe eines Klimamodells, das mit einem Seting von Annahmen gespeist wird. Aus der Kombination von beiden entstehen zahllose

Variationsmöglichkeiten. Diese zwei grundlegenden Begriffe werden im folgenden näher erläutert und einige Beispiele dazu aufgeführt. Am Ende des Kapitels wird noch eine Studie zur Einschätzung der deutschen Klimaforscher bezüglich der Gültigkeit der Klimamodelle vorgestellt.

2.1 Klimamodell

Klimamodelle stellen Abbildungen des globalen Klimasystems dar, welche auf Gesetzen der Physik basieren. Die Summe aller physikalischen Gleichungen und Parametrisierungen, welche die Entwicklung des Klimasystems beschreiben, bezeichnet man als Klimamodell (vgl. Latif, 2007, S.107f). Etwa 50 solcher Modelle haben die Wissenschaftler bisher entwickelt. Wegen der Komplexität der entsprechenden mathematischen Berechnungen können diese nur näherungsweise, mit Hilfe der numerischen Mathematik und Hochleistungscomputern gelöst werden. Klimaforscher können diese virtuellen Klimasysteme benutzen, um die Auswirkung klimarelevanter Einflussgrößen zu ermitteln. Man spricht dabei von einem „ numerischen Experiment ".

Es kann beispielsweise die CO_2 - Konzentration innerhalb des Programmes erhöht werden, um dann die Auswirkungen auf verschiedene Teile des Klimasystems festzustellen. Nach einer Vielzahl solcher Berechnungen, kann dann die Auswirkung der Kohlendioxid-Konzentration auf die Durchschnittstemperatur errechnet werden.

Aufgrund der aktuellen Modelle müssen bezüglich der Genauigkeit noch einige Abstriche gemacht werden. Kleinskalige physikalische Gesetze, wie z.B. Wolkenbildung, können nicht explizit simuliert werden. Ebenso wenig können die heutigen Modelle komplexe vegetationsdynamische Rückkopplungen und Wechselwirkungen, mit chemischen Prozessen in der Atmosphäre, für ihre Projektionen ausreichend berücksichtigen (vgl. Latif, 2007, S. 107ff).

2.2 Klimaszenario

In Kapitel 2.1 wurde die Notwendigkeit bestimmter Annahmen für die Benutzung der Klimamodelle angesprochen. Die Berechnungen fußen auf einem so genannten Szenario. LATIF bezeichnet ein „Set von notwendigen Annahmen und die darauf basierende

Simulation" als Klimaszenario. In anderen Publikationen wird, wie anfangs erwähnt, auch von Klimaprojektionen gesprochen.

Die Annahmen über zukünftige Entwicklungen, etwa der Weltbevölkerung, der Industrialisierung oder dem Anteil fossiler Brennstoffe, um nur einige zu nennen, müssen dabei relativ willkürlich festgelegt werden. Dies macht eine exakte Berechnung unmöglich.

Ein einziges Szenario führt in verschiedenen Modellen zu unterschiedlichen Ergebnissen, verschiedene Szenarien in ein Modell eingespeist ebenso. Dadurch ergeben sich eine große Anzahl von möglichen Klimaprojektionen. Die meisten dieser Klimaszenarien zeigen dieselbe Tendenz auf, Unterschiede sind meist nur im Ausmaß zu erkennen (vgl. http://www.wissenschaft.de/wissenschaft/hintergrund/drucken/271519.html).

2.2.2 Ausgewählte Klimaszenarien

Die bekanntesten globalen Klimaszenarien sind die des Weltklimarates (Intergovernmental Panel on Climate Change), der 1988 ins Leben gerufen worden ist und dessen selbsterklärte Hauptaufgabe es ist „politischen Entscheidungsträgern eine wissenschaftliche Grundlage zur Klimapolitik zu geben" (vgl. Post, 2008, S.31). Der Weltklimarat hat dafür seit 1991 im Rhythmus von ca. fünf bis sechs Jahren, einen jeweils mehrere tausend seitigen Bericht veröffentlicht, an dem über hundert Klimaforscher mitgearbeitet haben. Die Öffentlichkeit, inklusive der Journalisten, nehmen größtenteils nur die etwa hundert Seiten umfassende *Zusammenfassung für politische Entscheidungsträger* zur Kenntnis.

In der nachfolgenden Betrachtung sollte nicht vergessen werden, dass dieser Bericht nicht den Konsens aller Klimaforscher darstellt, wie es oftmals den Anschein hat. Tatsächlich repräsentiert er nur einen Teil der Klimaforscher. Neben diesen gibt es auch Kritiker.

Bereits 1990 und 1992 wurden Szenarien vom IPCC entwickelt, die auch gerne als Referenz Verwendung finden. Eine drei Jahre später durchgeführte Verifikation dieser Szenarien machte dann jedoch deutlich, dass sich die Emissionsursachen verändert hatten. Daraufhin wurden neue Emissionsszenarien entwickelt. Diese wurden im *Special Report on Emissions* (SRES) veröffentlicht. Alle der insgesamt 40 erarbeiteten Szenarien des SRES wurden in eine von vier Familien, A1, A2, B1 und B2, eingeteilt. Diese unterscheiden sich in sozialen, ökonomischen, demographischen, technologischen sowie ökologischen Entwicklungsannahmen, die jeweils als Basis dienen. Erwähnenswert ist noch, dass keines der Szenarien besondere Klimaschutzmaßnahmen, wie etwa das Kyoto-Protokoll, berücksichtigt.

A1 Familie:

Die A1 Szenarien gehen von einer Welt mit raschem Wirtschaftswachstums aus. Des weiteren werden neue und effiziente Technologien genutzt. Die Gruppe der A1 - Szenarien beschreibt eine einheitliche Welt ohne große regionale Unterschiede. Der Wohlstand verteilt sich gleichmäßig. Es besteht ein hoher Energiebedarf.

Innerhalb dieser Gruppe wird eine weitere Unterteilung vorgenommen:

A1B: Fossile und nicht-fossile Energieträger werden genutzt.

A1F1: Intensive Nutzung fossiler Energieträger.

A1T: kaum Nutzung fossiler Energieträger.

Diese Szenarien - Gruppe kann unter dem Begriff Globalisierung zusammengefasst werden.

Die auf solchen Szenarien basierenden Simulationen gehen von einem durchschnittlichen Temperaturanstieg von etwa 3,65 °C aus.

A2 Familie

In diesen Setings bleibt die Welt wirtschaftlich fast so gespalten wie heute. Regionale Unterschiede bleiben somit bestehen. Die Weltbevölkerung steigt stark an und wächst im Unterschied zur A1 Familie bis zum Jahr 2100 kontinuierlich. Aufgrund der wirtschaftlichen Unterschiede bleibt die technologische Entwicklung, global betrachtet, deutlich hinter der, der A1 Familie zurück. Rohstoffe werden daher nicht sehr effizient genutzt. Noch im Jahr 2100 werden 70 Prozent des Energiebedarfs aus fossilen Brennstoffen gewonnen.

Die globale Durchschnittstemperatur steigt bei diesen Projektionen um mehr als 4°C und stellt somit die Worst-Case Gruppe innerhalb der IPCC Szenarien dar.

B1 Familie

Die zukünftige Welt der B1 - Szenarien entwickelt sich ähnlich global orientiert wie in der A1 Gruppe. Die demographische Entwicklung ist ebenfalls ähnlich. Der Unterschied liegt in einem hohen Umweltbewusstsein und dem Wandel in eine Dienstleistungs- und Informationsgesellschaft. Natürliche Ressourcen werden daher geschont und saubere Techniken eingesetzt. Fossile Brennstoffe decken nur 50 Prozent des Energiebedarfs ab. Diese Szenarien gehen von einem durchschnittlichen Temperaturanstieg von 2,5 °C aus.

B2 Familie

Die Nachhaltigkeit bestimmt auch in dieser Gruppe das zukünftige Bild der Welt. Allerdings wird diese ähnlich wie bei A2 regional angepasst. Der Bevölkerungswachstum bewegt sich zwischen B1 und A2. Die ökonomische Entwicklung ist langsamer als in den A1 und B1 Szenarien. Durch die Betonung der regionalen Unterschiede wird eine Vielfalt von technologischen Lösungen entwickelt. Die Nachhaltigkeit und Gleichheit aller Menschen sind wie bei der B1 Familie angestrebte Ziele.

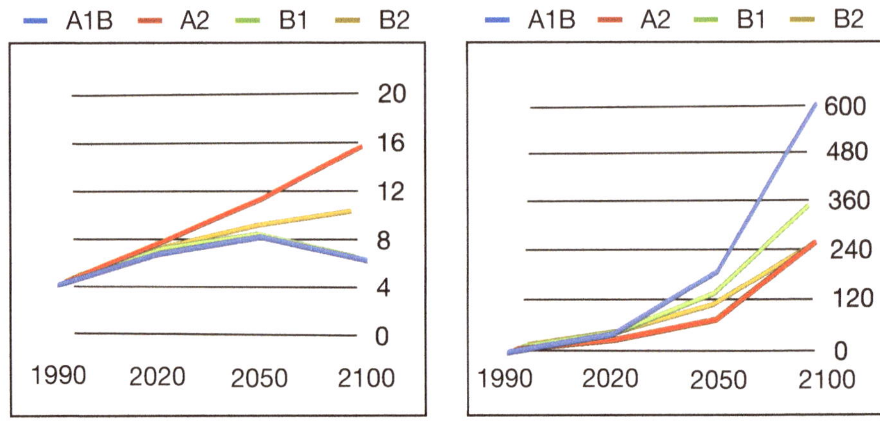

Abb.1 Entwicklung der Weltbevölkerung in Mrd.   Abb.2 Welt - BSP in Billionen Dollar

2.3   Einschätzung der Klimaforscher

Für die Simulation des zukünftigen Klimas werden einige Vorraussetzungen benötigt. In einer Befragung von 133 deutschen Klimaforschern (vgl. Post, 2008) wurden diese gebeten zu mehreren Fragen bezüglich des Klimawandels, speziell im Bezug zu den Medien, ihre Meinung abzugeben. Auf diese wird im Laufe dieser Arbeit immer wieder Bezug genommen.

Die Schwierigkeit in der Simulation des Klimas liegt vor allem in seinem chaotischen Charakter. Eine kleine Änderung eines einzigen Faktors (CO_2) bewirkt zahlreiche Reaktionen im Klimasystem. Diese haben wiederum Rückwirkungen auf den ursprünglichen Auslöser.

Beispiel für solch einen Feedback - Mechanismus ist der Zusammenhang zwischen Temperatur und dem Wasserdampf in der Atmosphäre:

Mit steigender Durchschnittstemperatur kann in der Atmosphäre mehr Wasserdampf aufgenommen werden. Da Wasserdampf als Treibhausgas in der Atmosphäre fungiert, verstärkt er die ursprüngliche Tendenz: Ein weiterer Temperaturanstieg ist die Folge.

Solche natürlichen Rückkopplungen können eine positive Verstärkung des ursprünglichen Phänomens (Temperaturanstieg) darstellen, wie im obigen Beispiel. Der umgekehrte Effekt ist ebenfalls denkbar: Die zunehmende Vegetation auf der Nordhalbkugel mit ihrem „kühlenden Effekt" ist zum Teil auf den gestiegenen Kohlenstoffdioxidgehalt in der Atmosphäre zurückgeführt worden.

Diese Komplexität spiegelt sich auch in den Antworten der Klimaforscher auf die Frage, ob Klima-Modelle heute schon hinreichend präzise sind wider:

So sagen 14 % der Wissenschaftler, dass die Klimamodelle heute schon hinreichend präzise sind. Ebenso viele sind der Meinung, dass diese Bedingung nicht erfüllbar ist. Die Mehrheit der befragten Forscher nehmen eine Mittelposition ein und halten die Klimamodelle für noch nicht hinreichend präzise, stufen aber generell diese Bedingung für zukünftige Modell als erfüllbar ein.

9 von 10 Klimaforschern sehen des Weiteren die klimatischen Prozesse noch nicht als hinreichend verstanden an. Allerdings denken 84 %, dass es in Zukunft möglich sein wird klimatische Prozesse soweit zu verstehen, um das Klima präzise zu berechnen.

In Kapitel 2.1 wurde die Notwendigkeit von Hochleistungscomputern zur Berechnung der Klimamodelle angesprochen. Interessant ist, dass mehr als die Hälfte (59 %) der befragten Klimaforscher diese als noch nicht hinreichend leistungsfähig ansehen, aber dies in Zukunft sein werden. Etwa ein Drittel (30 %) sind der Meinung, dass diese Bedingung heute schon erfüllt ist.

Ein weiteres Problem sehen die meisten Klimaforscher in der momentanen Verfügbarkeit empirischer Daten (72 %) und in deren Genauigkeit (57 %). Diese Bedingungen werden den Forschern zufolge erst in Zukunft hinreichend erfüllt werden.

Es lässt sich festhalten, dass die Mehrheit der befragten Wissenschaftler die heutigen Kapazitäten das Klima zu berechnen, eher kritisch sehen. Zuletzt bleibt noch zu beantworten, wie die Klimaforscher den Umgang der Klima-Modelle innerhalb der Wissenschaft sehen. Der Großteil (85 %) ist der Meinung, dass die Modelle in der Wissenschaft „überwiegend realistisch eingeschätzt" werden. Immerhin 13 % sind der Meinung, dass die Leistungsfähigkeit überschätzt wird.

3 Klimawandel in der Öffentlichkeit

Klima. Wissenschaftlich gesehen handelt es sich um ein abstraktes Konstrukt. In den Medien wird der Begriff für saisonale oder einzelne Wettervorkommnisse benutzt. Jeder einzelne kann das Klima alltäglich erfahren und beeinflussen z.B. indem er das Auto stehen lässt. Welche Mechanismen führen zu solchen Irrglauben? Das folgende Kapitel soll die Wirkung der Medien auf die Öffentlichkeit in einigen Punkten beschreiben. Dabei wird kurz auf allgemeine Konstruktionsmechanismen in der Medienberichterstattung eingegangen (3.1), um darauf aufbauend in den nachfolgenden Abschnitten explizit auf die Berichterstattung über den Klimawandel einzugehen.

3.1 Konstruktion der Medieninhalte

Nimmt man die Debatten zum Thema Atomenergie in den USA genauer unter die Lupe stellt sich heraus, dass die Medien einen Wissensstand darstellten, der sich deutlich von dem vorherrschenden Expertenwissen unterschied. Robert Lichter und Stanley Rothman zeigten auf, dass die Medien ein kritisches Bild der Sicherheit der Atomreaktoren zeichneten, obwohl die vorherrschende Meinung der Wissenschaftler positiv war.

Darüber hinaus war zu Beobachten, dass die meisten Berichte über die Jahre gleiche Fakten und Argumente benutzten. In der Kommunikationswissenschaft spricht man von einer Konsonanz der Berichterstattung. So können sich konsonante Berichterstattungen in einzelnen Fällen jahrzehntelang halten. Egal ob diese schon lang von Experten als falsch identifiziert wurden bzw. überholt sind.

Dies liegt zum einen an dem Mediensystem in dem Journalisten arbeiten und an der Wechselwirkung zwischen Journalisten und Wissenschaftler. Sprich dem Verhältnis von Medien und Realität (vgl. Post, 2008, S.13f). Die Mechanismen, die zu solch einer Verzerrung der wissenschaftlichen Realität führen, werden im folgenden Abschnitt behandelt.

3.1.1 Konstruktionsmechanismen im Kommunikationsprozess

In der Berichterstattung über wissenschaftliche Themen ist meist eine Diskrepanz zwischen den in den Medien dargestellten Sachverhalten (Medienrealität) und der in der Wissenschaft vorherrschenden Meinung (Realität) festzustellen. Diese Realitätsverwischung entsteht am Übergang zwischen Wissenschaft und Medien. Dort werden bestimmte Konstruktionsmechanismen wirksam, die im Kommunikationsprozess sowohl durch die zwei entscheidende Akteure, Journalisten und Wissenschaftler, als auch durch deren Interaktion zustande kommen.

Die Aufgabe der Journalisten ist es, täglich eine Auswahl aus der immensen Informationsflut des Geschehens auf der Erde heraus zu filtern. Es wurde bewiesen, dass Journalisten Nachrichten, erstens aus ihrer eigene Überzeugung und Einstellung heraus auswählen. Zweitens tendieren sie dazu, ihre Auswahlentscheidung anhand der, ihrer Kollegen, zu orientieren und zu verifizieren. Diese gruppendynamischen Prozesse können dazu führen, dass sich die Entscheidung einzelner Journalisten, lawinenartig zu einer Verzerrung der Medienrealität entwickeln. Die Journalisten treffen demzufolge - bewusst oder unbewusst - Gruppenurteile über die Themenauswahl und die dargestellten Sachverhalte. Deren Gültigkeit halten sie durch die aufbauende und gegenseitig Bezug nehmende Berichterstattung ständig aufrecht und bestätigen sie immer neu (vgl. Post, 2008,S.16).
Eine Studie von Lichter und Rothman aus dem Jahr 1986 über die öffentliche Kernkraft - Debatte zeigte zudem, dass eher solche Experten befragt wurden, die mit der Meinung der Journalisten konform waren. Man konnte also davon ausgehen, dass die in der Öffentlichkeit präsentierten Experten, keinesfalls die allgemein herrschende Meinung der Wissenschaft widerspiegelten (vgl. Post, 2008, S.17).
Diese Mechanismen stellen keinen Einzelfall dar, sondern können in der Kommunikationswissenschaft gut verallgemeinert werden. In einer Umfrage von H.M. Kepplinger zeigte dieser eine verbreitete Bereitschaft der Journalisten auf, eher solche Meldungen in ihre Berichterstattung zu übernehmen, die ihre eigene Sichtweise deckte. Man spricht dabei von der instrumentellen Aktualisierung (vgl. Post, 2008, S.17).

Die Einflussnahme der Wissenschaftler im Kommunikationsprozess ist durch ihre Motivation öffentlich aufzutreten geprägt. Sie können entscheiden inwieweit wissenschaftliche Argumente in die Öffentlichkeit gelangen. Eine Verzerrung der Realität kommt zu Stande, wenn eine Meinungsrichtung aus dem Pool aller Forscher stärker in der Öffentlichkeit repräsentiert ist als die anderen. Ein Zusammenhang zwischen fachlichem Standpunkt und der Motivation diesen in den Medien zu präsentieren vorhanden ist.

Teilt man die Gesamtheit von Wissenschaftlern in einer fachlichen Kontroverse in Experten und Gegenexperten, wie dies Hans Peter Peters 1994 gemacht hat, kann dieser Zusammenhang erklärt werden:

Die Befürworter (Experten) haben zu Anfang einen Vorteil, da sie als Mitentwickler einer etablierten Technik wissenschaftliche Autorität besitzen und so für die Journalisten legitime und interessante Quellen darstellen. Die Gegenexperten müssen dagegen selbst aktiv werden um an die Öffentlichkeit zu gelangen. Hierzu treten sie oftmals in institutionelle Nischen, wie Umweltschutzgruppen oder Bürgerinitiativen, ein. Dadurch wird es diesen erstens erleichtert auf sich aufmerksam zu machen und zweitens erhalten sie eine Legitimation zur Mitsprache in der öffentlichen Diskussion, was sie dann für Journalisten interessant macht (vgl. Post, 2008, S.18).

Lichter und Rothman zeigten in der bereits erwähnten Analyse über die Kerntechnik, dass Gegenexperten deutlich motivierter waren öffentlich Stellung zu nehmen, auch wenn sie auf dem Thema keine Expertise vorweisen konnten. Ebenfalls unterschieden sich die Gegenexperten von den Experten in ihrer Bereitschaft wissenschaftliche Arbeiten, ohne vorherige Überprüfung im Kollegenkreis, an die Medien weiterzuleiten. Jene waren eher zu diesem Schritt bereit als die Experten. Die zwei Gruppen differierten auch in ihrem Publikationsverhalten. Die Experten waren mehr in Fachzeitschriften repräsentiert, die Atomkraftgegner hingegen waren in den Massenmedien deutlich stärker vertreten als ihre Fachkollegen, die der Kerntechnik positiv gegenüber standen (vgl. Post, 2008, S.19).

Die aktuelle Berichterstattung ist von der Auswahl vermeintlich relevanter Informationen durch die Journalisten bestimmt, mit dem Ziel die Empfänger über die Vorkommnisse in der Welt auf dem Laufenden zu halten. Wissenschaftler wollen, wenn sie an die Öffentlichkeit treten „in erster Linie die Akzeptanz ihrer Arbeit in Forschung und Entwicklung, sowie die Aufklärung der Gesellschaft über den Fortschritt und den Gewinn ihrer Wissenschaft" (Post, 2008, S.20) sichern.

Die Problematik in der Interaktion von Wissenschaft und Alltag ergibt sich durch unterschiedliche Herangehensweisen in der Problemlösung und der Übersetzung der wissenschaftlichen Ergebnisse in eine allgemein verständliche Sprache durch die Journalisten. Wissenschaftliche Aussagen oder Erkenntnisse beinhalten gewisse Unsicherheiten oder Wahrscheinlichkeiten, die für die Wissenschaftler rationale Konzepte darstellen. Diese werden in der Übermittlung durch die Medien zu Leerstellen und müssen in der Alltagswelt gefüllt werden. Jeder Mensch ist darum bemüht sich mit seiner täglichen Umwelt zu arrangieren und diese zu schützen, darum versucht er diese

Leerstellen mit Gefühlen oder unterstellten Handlungsmotiven zu füllen und ihnen somit eine Bedeutung zu verleihen. Die in der Übersetzung zurückbleibenden Leerstellen können auf Grund dessen in den Medien ausgedeutet und falls gewünscht für bestimmte Überzeugungen genutzt werden.

3.2 Konsonanz in der Berichterstattung

In der Meteorologie versteht man unter Klima eine „Statistik des Wetters" über einen längeren Zeitraum. In dieser Statistik werden die Mittelwerte verschiedener Klimaelemente wie Temperatur, Niederschlag oder Wind über einen hinreichend langen Bezugszeitraum eingerechnet. Die World Meteorological Organization hat als üblichen Bezugszeitraum 30 Jahre festgesetzt.

Klima und Klimaentwicklung stellen somit nicht unmittelbar erfahrbare Größen dar. Der Durchschnittsbürger erliegt dieser Vorstellung trotzdem gerne: Wetterextreme oder saisonale Wetterschwankungen werden sowohl im Alltag als auch in den Medien gerne als Zeichen für die Klimaentwicklung gedeutet. Neben der direkten Wahrnehmung des Klimas gehört auch dessen tägliche Beeinflussbarkeit durch jeden Einzelnen mit zur Alltagsvorstellung. Energiesparen und mit dem Fahrrad fahren kann die Klimakatastrophe stoppen, so die vorherrschende Meinung.

Woher stammt diese stark vereinfachte Vorstellung über das Klima bei der breiten Masse von Menschen?

Der Glauben über das direkt erfahrbare Klima wird durch die von Konsonanz geprägte Berichterstattung in den Medien gefestigt. Das Thema der vom Menschen verursachten Erderwärmung wird seit den 70er Jahren als gefährliches gesellschaftliches Problem diskutiert. Verschiedene Mechanismen haben in den über 30 Jahren Berichterstattung dazu geführt, dass nicht mehr nur die wissenschaftlichen Befunde der Klimaforschung zur Konstruktion der Medienrealität führen.

Andere Faktoren spielen in der öffentlichen Kommunikation eine Rolle. Erstens hat die Selbstreferentialität der Medien einen Einfluss auf die Klimaberichterstattung: Wie in Kapitel 3.1.1 beschrieben, neigen die Medien dazu ihre Berichterstattung auf vorhergehende Deutungen aufzubauen und diese fortzuschreiben. Der zweite Faktor ist die Sensibilisierung der Politik und Gesellschaft für die Problematik des anthropogenen Klimawandeles. Dieses Problembewusstsein schaffte einen neuen Aufmerksamkeitsbereich, dessen Folge u.a. politische Diskussionen oder Gesetze zum Thema Klimaschutzmaßnahmen waren, die dann wiederum in der Berichterstattung auftauchten. Die zunehmende gesellschaftliche Wahrnehmung des Themas führte drittens dazu, dass ein wachsender Bedarf für Klima - Experten entstand. Dieser Bedarf machte eine organisierte Aufklärungs- und Pressearbeit, die in gleichmäßigen Abständen über die Gefahren des Klimawandels informierte notwendig. Diese wurde durch die Einrichtung eines institutionalisierten Klima - Expertentums gewährleistet. (vgl. Post, 2008, S.27f).

Die ersten Warnungen über einen bevorstehenden Klimawandel und der damit verbundene politische Handlungsbedarf in den 1970er Jahren ist auf die Initiative einiger Klimaforscher zurückzuführen. Wie eine Analyse von Weingart, Engels und Pansegrau zeigte, fielen diese ersten Veröffentlichungen in eine Zeit in der die Medien begannen über etablierte Techniken kritisch zu berichten. Mit diesem Hintergrund wird deutlich wie interessant der Zusammenhang zwischen der Verbrennung fossiler Brennstoffe und dem drohenden Klimawandel gerade in dieser Zeit für die Journalisten war.

Die Übersetzung der wissenschaftlichen Modelle für das Massenpublikum zeigte in diesem Kontext die bereits erwähnte Tendenz: Unsichere wissenschaftliche Prognosen wurde in bildhafte Katastrophenszenarien transferiert. Durch die Darstellung regionaler Klimaänderung wurde der Klimawandel für jeden zu einem relevanten Thema gemacht. Der Zusammenhang zum privaten Energieverbrauch schaffte zusätzlich eine Alltagsverbindung. Die abstrakten Zukunftsprognosen und schlecht fassbaren Zeitangaben der Wissenschaftler vereinfachten die Medien durch Vergleiche wie etwa „Unsere Enkelkinder werden uns verfluchen" (Spiegel, 89, 1989). Weingart und Mitarbeiter entdeckten als weiteres Stilmittel die Sichtbarmachung des unsichtbaren Kohlendioxids. Die Medien prägten das Bild von Smog umhüllten Städten oder dunklem Schornsteinqualm als Symbole für den Treibhauseffekt.

Die politische Problematisierung konzentriert sich sei den 80er Jahren lediglich auf zwei Punkte: Den vorhergesagten Temperaturanstieg und die Zunahme von Extremwetter-ereignissen. Als Möglichkeit zur Minderung oder zum Aufhalten des Klimawandels kam meistens nur die Verringerung der Treibhausgasausstöße zur Diskussion.

Die Einführung des Begriffs „Klimakatastrophe" (siehe Kapitel 1) stellt ein weiteres Schlüsselmoment in der Berichterstattung über den Klimawandel dar. Das im Bericht der DPG vertretene Bild über die Klimakatastrophe passte gut in die dramatische Berichterstattung der Medien. Seit nun mehr als 20 Jahre hält sich der Begriff der Klimakatastrophe in der medialen Diskussion und stellt somit einen der sichtbarsten Beweisen für die Konsonanz in der Berichterstattung, die sich bis heute nicht signifikant geändert hat, dar. Dies bestätigen auch die Hauptpunkte einer Inhaltsanalyse von Peters und Heinrichs über die Klimaberichterstattung zwischen 2001 und 2004: In den deutschen Medien werde der anthropogene Klimawandel meist als gesichertes Faktum dargestellt. Als Handlungsoption wird fast ausschließlich die Verringerung der Treibhausgasemissionen diskutiert (vgl. Post, 2008, S.29 ff).

3.3   Öffentlichkeitseffekt in der Klimadiskussion

Eng verbunden mit dem Begriff der Konsonanz ist der von Noelle - Neumann geprägte Begriff „Öffentlichkeitseffekt". Er bezeichnet den Vorgang, dass Menschen ihre eigenen Vorstellungen nicht laut äußern, wenn sie Angst haben damit öffentlich anerkannte Moralvorstellungen zu verletzen. In diesem Zusammenhang wurde ebenfalls der Begriff der *Schweigespirale* geprägt. Dieser meint, dass es die Minderheit aus Angst vor sozialer Isolation nicht mehr wagt sich öffentlich zu äußern. Die allgemein gültige Meinung scheint daher immer mächtiger zu werden, was einen immer stärker werdenden Rückzug der konträren Meinungen bewirkt. (Weingart et al., 2002, S.134).

Durch die Konsonante Berichterstattung hat sich das Bild von der drohenden Klimakatastrophe in der Gesellschaft so verfestigt, dass diese von der breiten Masse nicht mehr hinterfragt wird und zudem deren Abwendung das erklärte Ziel geworden ist. Die Menschen bewerten daher auch neue wissenschaftliche Erkenntnisse anhand dieses moralischen Maßstabs.

Auffällig ist die öffentliche Dominanz des Weltklimarates, der mit seinen Zusammenfassungen und Handlungsempfehlungen große mediale Resonanz genießt. Die verschiedenen Positionen der wissenschaftlichen Klimadiskussion sind unterschiedlich präsent und werden von der Öffentlichkeit heterogen bewertet.

 Ein Klimaforscher hat sich zu diesem Thema am 12.12.2005 in einem Interview folgendermaßen geäußert:

> „Skeptiker haben kein Sprachrohr. Man diskreditiert sich, wenn man
> sagt, Global Warming gibt es nicht, der Weltklimarat dagegen ist
> gesellschaftsfähig" (Post, 2008, S.35)

Diese Ideologisierung herrscht aber nicht nur in der medialen Realität vor, einige Forscher sehen diese auch innerhalb der Forschungsgemeinschaft. So sagt von Storch und Stehr:

> „Leider versagen die Korrekturmechanismen in der Wissenschaft selbst. Öffentliche Zweifel an den gängigen Beweisen der Klimakatastrophe werden wissenschaftsintern oft als unerfreulich betrachtet, schaden sie doch der ‚guten Sache‘, zumal sie von den Skeptikern missbraucht werden könnten." (Post, 2008, S.35)

4 Das Dilemma des Klimawandels

Die aktuelle Lage der Klimaforscher stellt diese vor zweierlei Aufgaben:

Auf der einen Seite müssen sie ihrem eigentlichen Beruf als Wissenschaftler nachgehen und versuchen die Prozesse im Klimasystem immer besser zu verstehen und zu erforschen. Auf der anderen Seite sind sie gefragte Experten, die den Medien und Politikern über die Fakten und Handlungsmöglichkeiten hinsichtlich der Klimaänderung beratende Auskünfte erteilen sollen.

Die Problematik ist eine ähnliche wie die in Kapitel 3.1.1 beschriebene. Wissenschaftler und Politiker (bzw. Journalisten) haben unterschiedliche Zielsetzungen. Die Forscher versuchen hauptsächlich den Bestand gesicherten Wissens zu vergrößern. Aufgrund der Größe des Forschungsgegenstandes zerlegt die Wissenschaft diesen in kleine Teile. Die Politik will die Probleme möglichst ganzheitlich betrachten, um dann unter Einbeziehung allen vorhandenen Wissens bzw. Unwissens Entscheidungen zu treffen. Die Unübersichtlichkeit der vielen Einzelzusammenhänge macht es unmöglich den Klimawandel in einer differenzierten Sichtweise als gesellschaftliches Problem zu überschauen. Zeitnahe Handlungsmaßnahmen und ein differenzierter Blick auf wichtige wissenschaftliche Fragestellungen werden dadurch blockiert.

Nach POST nimmt die Klimaforschung daher eine postnormale Position ein. Die Besonderheiten einer postnormalen Wissenschaft ist, dass ihr „Forschungsgegenstand schwer bestimmbare gesellschaftliche Risiken berührt und sich durch eine besondere Nähe zur Politik kennzeichnet."(Post, 2008, S.11). Ihre Funktion ist demnach, nicht nur die Forschung, sondern eben auch eine Wissensgrundlage für die Politik bereitzustellen.

Die Problematik an dieser Zielvorgabe ist wiederum der Einfluss der modernen Medien auf die öffentliche Kommunikation. Denn wenn die Wissenschaft ihre Position den Medien anpassen muss um ein Sprachrohr zu finden, kann diese Zielvorgabe nicht erreicht werden. Debatten über ihren Verantwortungsbereich und ihren Verpflichtungen gegenüber der Gesellschaft sind innerhalb der Klimaforscher entstanden.

Im Folgenden wird der Konflikt bezüglich des Klimawandels näher bestimmt und dann wird auf Unterschiede zwischen der Medienrealität und der (wissenschaftlichen) Realität eingegangen.

4.1 Der wissenschaftliche Konflikt

Wissenschaftliche Arbeit lebt von der Hinterfragung des Herkömmlichen. Fortschritt findet dort statt, wo wissenschaftliche Arbeiten zur Debatte gestellt, diskutiert und modifiziert werden. Diese objektive gegenseitige Kontrolle und Verbesserung kommt dann ins stocken, wenn ein Untersuchungsgegenstand in das öffentliche Interesse rückt. Die wissenschaftlichen Positionen werden ideologisiert. Die konträren Positionen entwickeln sich zu feindlichen Lagern. Vertreter und Zweifler bestimmter Thesen oder Modellen werden zu Kontrahenten in der Öffentlichkeit.

Diese Polarisierung kommt durch eine Interessenvertretung verschiedener Akteure zustande: Akteure aus der Wirtschaft und Politik suchen Wissenschaftler die ihre Standpunkte vertreten und durch ihre Expertise legitimieren. Anders herum greifen manche Forscher von sich aus in die Öffentliche Diskussion ein, um ihren Überzeugungen Gehör zu verschaffen.

Gerade das Thema Klimawandel ist in der Öffentlichkeit stark ideologisiert. Die Menschen haben genaue Vorstellungen darüber, was moralisch richtig oder falsch ist, dies wurde im vorherigen Kapitel geschildert. Vertreter der einen Meinung sind daher anerkannt, die mit einer von der Norm abweichenden Meinung werden diskreditiert. In der Klimadiskussion sind einige Kernannahmen umstritten bzw. werden in der Öffentlichkeit unterschiedlich eingestuft.

Im Folgenden werden generelle Überzeugungen und Zweifel sowohl von der Öffentlichen Seite wie in der wissenschaftlichen Diskussion betrachtet (vgl. Post, 2008, S.93f).

4.1.1 Überzeugung und Zweifel in der Öffentlichkeit

In Kapitel 2 wurde beschrieben, dass einige Annahmen in der Gesellschaft als erwiesen vorausgesetzt werden. Der Mensch ist als Verursacher entlarvt, das Klima der Zukunft ist berechnet und die drohenden Gefahren sind benannt. Eine Begrenzung oder gar Verhinderung der Katastrophe ist durch eine Verminderung der Treibhausgase, insbesondere

CO_2, in der Öffentlichkeit als Lösung anerkannt und in Verbindung mit den Vorannahmen durchaus angemessen.

Die verschiedenen Annahmen haben sich zu unumstößlichen Wahrheiten entwickelt. Die Empfindung der Menschen über die Richtigkeit der Annahmen kommt unter anderem durch eine gegenseitige Verstärkung von Problemstellung und Lösung zustande:

Die bevorstehende Klimakatastrophe erfordert sofortige Maßnahmen, die Bestrebungen zur Lösung sprechen andererseits den zugrunde liegenden Vorannahmen Gültigkeit zu. Diese zirkuläre Argumentation hat Folgen für die in der öffentlichen Diskussion zugelassenen Argumente. Geäußerte Zweifel bezüglich des Klimawandels, unabhängig welchen Aspektes, werden generell sehr skeptisch betrachtet. Die Öffentlichkeit interessiert hauptsächlich die Lösung des Problems, also mögliche Handlungsvorschläge. Dies setzt eine bereits festgesetzte Problemstellung voraus: Der Klimawandel findet statt. Handlungsoptionen können nur auf der Grundlage verschiedener sachlicher Gegebenheiten, die wie erwähnt in der Öffentlichkeit als bewiesen angesehen werden, durchgesetzt werden.

Die Folge dieser Lösungsfixiertheit ist, dass die Annahmen verteidigt werden müssen. Das Mittel um dieses Ziel zu erreichen, ist Zweifel gesellschaftlich abzublocken. Dieser Mechanismus führt dazu, dass wissenschaftliche Argumente, sobald sie skeptische Tendenz besitzen, aufgrund der moralischen Bewertung erst gar nicht zur Diskussion gestellt werden. Die Grundlage der öffentlichen Diskussion ist so gegen jeglichen Zweifel an Richtigkeit immunisiert.

Diese Entwicklung hat zur Folge, dass der Begriff „Skepsis" im Rahmen der Klimawandelproblematik auf alle Bereiche bezogen werden kann, von der Leugnung der Existenz des Klimawandels bis hin zu seinen möglichen Auswirkungen. In der Öffentlichkeit werden alle als „Skeptiker" bezeichnet, die jegliche Zweifel, egal ob wissenschaftlich oder nicht, bezüglich irgendeines Aspektes der Klimaänderung vorbringen. In der moralischen Einstufung, werden diese gleich mit Gegner des gemeinschaftlichen Ziels, der Rettung der Erde durch den Klimaschutz, gesehen. Die Gegner dieses Ziels haben kein Interesse am Gemeinwohl, sondern nur ihren eigenen Vorteil im Blick. Skepsis am Klimawandel wird gesellschaftlich als „kriminell" angesehen und Skeptiker oft als „Leugner" des Schadens der durch den Einfluss des Menschen entstanden ist, bezeichnet (vgl. Post, 2008, S.94 ff).

4.1.2 Überzeugung und Zweifel in der Wissenschaft

In der Wissenschaft werden Aussagen, die auf empirischen Sachverhalten fußen, stets unter Vorbehalt geäußert. Sie sind vorläufig und mit Unsicherheiten verbunden. Diese Vorläufigkeit hat den Vorteil, dass solche wissenschaftlichen Theorien frei für eventuelle Modifikationen sind oder sogar widerlegt werden können und von neuen Theorien abgelöst werden. Die Unsicherheit beruht auf möglichen Messfehlern und Wissenslücken in den Modellen.

Die Klimaforschung ist von diesen Unsicherheiten stark betroffen. Dies liegt zum einen daran, dass verlässliche Messdaten erst seit etwa 150 Jahren vorhanden sind und dies auch nur für einige Regionen der Welt. Diese Tatsache hat zur Folge, dass die meiste Daten über indirekte Verfahren gewonnen werden, wie etwa Eisbohrkerne oder Dendrochronologie. Davon abgesehen sind selbst die verhältnismäßig wenigen direkten Messungen mit Fehlern behaftet, die beispielsweise auf die Veränderung der Umgebung der Messstation beruhen, etwa durch die Verstädterung einer ursprünglich ländlichen Gegend.

Die andere Komponente der Unsicherheit mit der die Klimaforscher zu Recht kommen müssen, fällt nicht minder ins Gewicht. Wie schon zuvor angesprochen versucht die Klimaforschung möglichst globale Aussagen über die Entwicklung des Klimas zu machen. Dafür benötigt sie ganzheitliche Modelle, die das globale Klimasystem nachbildet. Aufgrund der Komplexität dieses Systems und seinen vielseitigen reziproken Wechselwirkungen können diese Modelle, Projektionen nur näherungsweise und mit Hilfe von Parametrisierungen und algorithmischen Abbildungen aufstellen. Dies alles führt zu zahlreichen Unsicherheiten. Die Vorläufigkeit aller Aussagen muss daher immer betont werden.

Alle diese Unsicherheiten dürfen aber nicht darüber hinwegtäuschen, dass innerhalb der Wissenschaftler trotzdem ein relativer Konsens über die Annahmen und Interpretationen der untersuchten Klimasignale, der Entwicklung und den Ursachen der Klimaveränderung besteht. Die in Kapitel 2.3 vorgestellten Ergebnisse zeigen aber auch, dass die Klimaforscher die Möglichkeit der Überprüfung und die methodischen und theoretischen Grundlagen ihrer Forschung kritisch sehen. Anders ausgedrückt zweifeln die wenigsten Forschern an der Richtigkeit ihrer Annahmen, nur an der aktuellen Möglichkeit diese zu beweisen (vgl. Post, 2008, S.96 ff).

4.1.3 Warner und Skeptiker

Die Befragung von 133 Klimaforschern hat ein differenziertes Bild der deutschen Klimaforscher ergeben. So können idealtypisch auf der einen Seite 37 % der Forscher in die Kategorie der überzeugten Warner angesiedelt werden, auf der anderen Seite beinahe genau so viel (36 % der Forscher) in die Gruppe der skeptischen Beobachter. Etwas weniger, 27 % der Forscher, befinden sich auf einer relativ neutralen Mittelposition.

Die Warner sind generell von den Grundannahmen und deren Validität überzeugt. Die skeptischen Beobachter sind gegenüber den verschiedenen Aspekten der Klimadiskussion deutlich zurückhaltender. Die Einteilung beruht auf der Beantwortung von zwölf Fragen zu verschiedenen Aspekten der Klimaveränderung (vgl. Post, 2008, S. 98 ff).

5   Diskrepanz zwischen Medienrealität und Klimaforschung

In den vorherigen Kapiteln ist bereits auf die Konsonanz der Medienberichterstattung eingegangen worden. In der Medienrealität stehen wenige Aspekte des komplexen Phänomen Klimawandel im Vordergrund. Die Klimaforscher sehen sich seit 30 Jahren stets mit Berichten über den anthropogenen Klimawandel der Neuzeit und seinen gefährlichen Folgen für die Menschheit, sowie dem daraus resultierende Klimaschutz konfrontiert.

Es ist daher interessant wie diese die Berichterstattung als Experten sehen. Die Untersuchung von POST hat die Einschätzung der Klimaforscher fassbar gemacht, hierzu mussten diese verschieden Fragen beantworten. Inhalt dieses Kapitels sind die Ergebnisse dieser Befragung und konkrete Beispiele aus den Medien, die typisch für die Unterschiede zwischen der Medienrealität und der Klimaforschung sind.

5.1   Einschätzung der Klimaforscher zur Klimaberichterstattung

Die Studie zeigt, dass innerhalb der Forscher über die wichtigste Publikationsregel der Massenmedien Einigkeit besteht: 85 Prozent der Forscher stimmen der Aussage: „Je beunruhigender die Ergebnisse der Klimaforschung sind, desto eher werden sie von den Medien berichtet." (Post, 2008, S.109), zu. Nur jeder Zehnte lehnt sie ab.

Die Vorliebe der Medien für aktuelle Sensationen und Katastrophen beschreibt Hans v. Storch folgendermaßen:

> „Das Muster ist stets dasselbe: Die Bedeutung einzelner Ereignisse wird
> mediengerecht aufbereitet und geschickt dramatisiert" (Post, 2008, S.108)

Ähnlich eindeutig fällt das Urteil der Klimaforscher über die Darstellung von Klima-Modellen in den Medien aus: 74 Prozent aller Forscher sind der Meinung, dass die Medien die Leistungsfähigkeit der Klimamodelle überschätzen. Nur wenige Wissenschaftler (7 %) finden die Einschätzung realistisch oder unterschätzt (9 %) (Post, 2008, S.110).

Am Ende sollten die Forscher noch zu einem allgemeineren Vergleich der Medien und Forschungsrealität Stellung nehmen: Der Großteil (73 %) der Forscher nehmen die

Einschätzung vor, dass „was die Medien als gesichertes Wissen darstellen, in der Klimaforschung oft noch umstritten ist." (Post, 2008, S.112). Diese Diskrepanz ist nach Post hauptsächlich als Folge der konsonanten Berichterstattung zu sehen, durch die die Medien eine „vermeintliche Eindeutigkeit der Klimaforschung suggerieren" (Post, 2008, S. 111).

Die Chance in der öffentliche Klimadiskussion Gehör zu bekommen ist grob gesagt umso größer, je beunruhigender, vereinfachter und eindeutiger die Aussagen bzw. Informationen sind (vgl. Post, 2008, S.113).

5.2 Konkrete Beispiele aus den Medien

In diesem Abschnitt werden vier Beispiele für den Umgang mit dem Thema Klimawandel (Global Change) verschiedener Medien vorgestellt. Einer Analyse des Films „The Day after Tomorrow", folgt die Gegenüberstellung zweier Dokumentationsfilme, die den Klimawandel sehr unterschiedlich darstellen. Zuletzt wird ein Spiegel - Gespräch mit dem Klimaforscher Hans von Storch vorgestellt.

5.2.1 „The Day after Tomorrow"

Roland Emmerichs Katastrophenfilm hat 2004 für großes Aufsehen und klingelnde Kinokassen gesorgt. Die Zuschauerzahlen bestätigten, dass großes Interesse an der Klimaänderung besteht: Allein am Startwochenende strömten deutschlandweit mehr als eine Million Menschen in die Kinos (Quelle: Blickpunkt: Film) um sich die neue Eiszeit anzuschauen.

Der Film erzählt die Geschichte eines Klimaforschers (Jack Hall, gespielt von Dennis Quaid) der seit Jahren vergeblich versucht vor einer drohenden Klimakatastrophe zu warnen. Als diese innerhalb kürzester Zeit mit gewaltigen Stürmen, Überflutungen und einer neuen Eiszeit eintritt genügt die Zeit nur noch einen Teil amerikanischen Bevölkerung nach Mexiko zu evakuieren. Der Rest wird dem sicheren Kältetod überlassen. Hall bahnt sich einen Weg durch Eis und Schnee Richtung New York, um dort seinen Sohn, der mit wenigen weiteren Überlebenden in der Bibliothek gefangen ist, zu retten.

Emmerichs Film beruht auf einer Kernannahme, die zur oben geschilderten Situation führt. Diese ist begleitet von allen erdenklichen Extremereignissen die dem Zuschauer durch spektakuläre Special Effects beklemmend wirklichkeitsnah auf die Leinwand gebracht werden.

Die zugrunde liegende Annahme besteht aus einem abrupten Abreissen des Golfstroms, der Amerika und Europa in einer neuen Eiszeit versinken lässt. Diese These wird in der Wissenschaft (Latif, 2007, S.124f) aus zwei Gründen als sehr unwahrscheinlich eingestuft. Erstens ist das komplette Erliegen des Golfstroms sehr unwahrscheinlich, zumindest im Zeitraum der nächsten 100 Jahre. Zweitens muss man der regionalen Abkühlung die globale Erwärmung durch den Treibhauseffekt entgegensetzen. Diesen eingerechnet würde es, selbst bei einem kompletten Zusammenbruch der thermohalinen Zirkulation innerhalb des genannten Zeitraums, nur zu einer moderaten Abkühlung in Europa kommen.

Ein Beispiel für ein Extremereignis ist die Riesenwelle, die New York überschwemmt. Dies kann wissenschaftlich nicht auf die dargestellten Sachverhalte zurück geführt werden. Eine Welle von solchen Ausmaßen kann nur durch ein Unterwasserbeben oder einen Meteoriteneinschlag entstehen, nicht aber aufgrund eines Sturms.

Emmerich muss aufgrund der Spieldauer von gut zwei Stunden auch beim zeitlichen Ablauf der Ereignisse etwas tricksen. So spielt sich das dargestellte Szenario in wenigen Tagen ab, nach Expertenmeinung würden die Ereignisse mindestens zehn bis zwanzig Jahre dauern.

Man kann also sagen, dass Emmerich eine Faktenverzerrung und Stauchung der Zeit in kauf genommen hat, um einen blockbusterfähigen Film mit Bezug auf den Klimawandel, zu schaffen

5.2.2 „Eine unbequeme Wahrheit"

Der Dokumentarfilm „Eine unbequeme Wahrheit" (engl.org. „An Inconvenient Truth)" von David Guggenheim hatte seine Premiere auf dem Sundance Film Festival 2006. Der Film basiert auf Videomitschnitten von Präsentationen, die der ehemalige US-Vizepräsident Al Gore hielt. In diesen Präsentationen warnt Al Gore vor den Folgen des Klimawandels und stellt verschiedene wissenschaftliche und politische Aspekte der globalen Erwärmung vor. Gore erklärt den Aufbau der Erdatmosphäre und verweist auf einen möglichen anthropogenen Einfluss. Weitere Themen sind: Der Treibhauseffekt und die damit verbundene CO_2 Problematik, das Abschmelzen des Grönlandgletschereises, das Aussetzen des Golfstroms uvm.. Er thematisiert als Lösung die Verringerung des Kohlenstoffdioxid -

Ausstoßes, der durch einfache Maßnahmen ohne Verlust von Lebensqualität zu senken
sei.

Eine Befragung von über 100 Klimaforschern in den USA hat dem Film eine weitgehende
Korrektheit zugesprochen. Mojib Latif beschreibt den Film ebenfalls als „im großen und
ganzen richtig". Der Film beinhaltet jedoch auch einige Halbwahrheiten bzw.
Dramatisierungen. In England wurde Lehrern die den Film vorführen nun vorgeschrieben
auf neun Fehler hinzuweisen. Unter anderem wird im Film behauptet, dass die westliche
Arktis in naher Zukunft komplett abschmelzen würde. Dies ist laut IPCC aber ein Prozess,
der wenigstens 1000 Jahre dauern würde. Gore wird weiterhin vorgeworfen vielfach
Worst-Case Szenarien zu rezitieren und damit eine einseitige Berichterstattung zu
betreiben. Man kann dem zu Folge von einer konsonanten Berichterstattung sprechen,
die zwar auf wissenschaftlichen Tatsachen beruht, allerdings andere (kritische)
wissenschaftliche Meinungen weitest gehend ausblendet.

5.2.3 „The Great Global warming Swindle"

„The Great Global warming Swindle" ist ein britischer Dokumentarfilm aus dem Jahre
2007. Er wurde zuerst auf Channel 4 gesendet. In Deutschland lief eine leicht bearbeitete
Version zum ersten Mal im Juni auf RTL. Die Macher sahen den Film als Antwort auf
Gores und Guggenheims Film. Dieser Film nimmt eine konträre Haltung zu „Eine
unbequeme Wahrheit" ein, allerdings wurde er schon kurz nach der Ausstrahlung wegen
schwerer inhaltliche Fehler kritisiert.

Der Film leugnet die Klimaänderung nicht als Faktum, allerdings macht er nicht den
Mensch, sondern andere Faktoren dafür verantwortlich. Der Produzent Martin Durkin
nennt kosmische Strahlung und die Veränderung der Sonnenaktivität als
Hauptverursacher. Als Beweis für seine These legt er eine Temperaturkurve und die
Entwicklung der Sonnenaktivität übereinander. Die Korrelation beider Graphen wird im
Film bis zum Jahr 1980 gezeigt. Der deutsche Klimaforscher Stefan Rahmstorf entlarvt
diesen Beweis als Artefakt überholter Klimadaten. Die Kurve der Sonnenfleckenzyklen,
die im Film gezeigt wird, endet 1980, ab dort gehen die Kurven aber unterschiedliche
Werte. Die Kurve des Temperaturverlaufs steigt gerade ab diesem Zeitpunkt deutlich nach
oben an, die Sonnenaktivität bleibt auf einem Niveau wie um 1940.

Als weiterer Beweis, dass die aktuelle Erwärmung nur Teil einer natürliche Schwankung
ist, wird ein Temperaturverlauf gezeigt auf dem zu sehen ist, dass es im Mittelalter wärmer
war als heute. Dem Zuschauer wird verschwiegen, dass die Kurve 1975 endet. Würde die

Erwärmung die in den letzten Jahrzehnten stattgefunden hat nicht verschwiegen, wäre die Temperatur im Mittelalter kälter als heute.

Im weiteren Verlauf des Films wird behauptet, dass Vulkane deutlich mehr CO_2 emittieren als der Mensch. Die Aussage Laut Rahmstorf (bzw. IPCC) falsch, da der Mensch inzwischen ca. 50 mal mehr als alle Vulkane emittiert.

Der Film zeigt kein neues oder seriöses Argument gegen die (anthropogene) Klimaänderung, sondern versucht mit alten „Ladenhütern", Scheinargumenten oder Lügen die Unwissenheit von Laien zu deren Verwirrung zu nutzen. Ganz nach dem Motto: „Beweise nicht deine eigene Meinung, sondern zweifele die der anderen an".

5.2.4 „Wir werden das Wuppen"

In einem Interview des Spiegels mit Hans von Storch plädiert dieser für mehr Gelassenheit im Umgang mit dem Klimawandel. Von Storch sieht viele Aspekte der Klimadiskussion eher skeptisch.

Seiner Meinung nach artet die Klimadebatte in eine Klimahysterie aus. Die aktuellen Klimaschutzmaßnahmen hätten allerdings nur symbolische Charakter, da sich die globale Erwärmung aufgrund der Trägheit des Klimas nicht mehr aufhalten lasse, allenfalls begrenzen. Er plädiert deshalb dafür, dass rational mit dem unausweichlichen umgegangen werden sollte. Auch mahnt er zur Relativierung der Klimaänderung. Er nimmt den Klimawandel in der Öffentlichkeit generell als überschätzt wahr und erinnert daran, dass momentane Projektionen auf Szenarien beruhen. Des Weiteren gibt er zu bedenken, dass die Folgen des Klimawandels nicht überall auf der Welt negativ sein werden. Es wird auch Regionen geben die vom Klimawandel profitieren werden. Am Schluss des Gesprächs zeigt von Storch die Funktion des Klimawandels als Sündenbock auf, die von den Regierungen gerne genutzt wird, um die Folgen einer Naturkatastrophe nicht verantworten zu müssen.

6   Entwicklungstendenzen und Fazit

Lässt man einmal alle Sachverhalte dieser Hausarbeit Revue passieren scheinen zwei mögliche Entwicklungen in der Berichterstattung für die Zukunft plausibel: Zum einen könnten sich die skeptischen Beobachter immer weiter zurück ziehen. Diese Tendenz könnte durch die in Kapitel 3.3 vorgestellte Schweigespirale erklärt werden. Eine andere Entwicklung in der Klimadebatte könnte die Polarisierung der Positionen sein.

Schenkt man der Befragung unter den deutschen Klimaforschern glaube, stehen die Zeichen zur Zeit eher auf Polarisierung der Lager. Hierfür spricht zum einen die große Resonanz auf skeptische Stimmen und die Reaktion darauf: Überzeugte Warner überschätzen die Häufigkeit skeptischer Stimmen in der Öffentlichkeit auffallend. Stichhaltige Beweise für einen Rückzug der skeptischen Beobachter ergeben sich aus der Untersuchung dagegen nicht. Ein weiterer Punkt der für eine Polarisierung spricht ist die bereits erwähnte Tendenz der Medien möglichst extreme Meinungen zu veröffentlichen, zumal die Personen das größte Interesse an einer Veröffentlichung ihrer Thesen haben, deren Meinung am weitesten von der allgemeinen Position entfernt ist (vgl. Post, 2008, S. 159-182).

Die Medien provozieren teilweise gewollt, teilweise ungewollt eine hitzige Debatte über den Klimawandel in Öffentlichkeit. Wenige Klimaforscher begeben sich in diese Arena voller Vorurteile und Konflikte. Die Aufmerksamkeit gilt demjenigen, der die gruseligsten und eindeutigsten Aussagen trifft. Ein „Weder - Noch" wird von den Journalisten nur selten akzeptiert, differenzierte Aussagen sind demnach rar. Die ständige Verkündung bevorstehender Weltuntergänge kann aber in ihrer Wirkung auch ins Gegenteil umschlagen: Aus vernünftiger Vorsicht kann auf Dauer eine Lähmung oder Desinteresse für das Thema entstehen. Zwar kommen in letzter Zeit auch immer mehr Experten des kritischen Lagers von Klimaforschern zu Wort, doch auch deren Meinungen werden von den Medien meist extremisiert. So besteht die Gefahr, dass sich die Katastrophenspirale und Entwarnungsspirale gegenseitig hochschaukeln und sowohl die Klimaforscher als auch eine rationale öffentliche Auseinandersetzung auf der Strecke bleiben. Wollen wir das beste hoffen, nämlich dass die Angelegenheit Klimawandel nicht bis zur Bedeutungslosigkeit polemisiert wird.

7   Literaturverzeichnis

Houghton, J.(1997). *Globale Erwärmung: Fakten, Gefahren und Lösungswege*. Berlin: Springer

Lovejoy, T. & Hannah, L. (2005). *Climate Change and Biodiversity.* Yale: University Press

Latif, M. (2007). *Bringen wir das Klima aus dem Takt? Hintergründe und Prognosen.* Frankfurt am Main: Fischer

Marshall, G. & Plötter, B. (2007). Handeln nach dem Klimaschock. *Geo 12/2007*, S.154-198

Post, S. & Schenk M.(Hrsg.) (2008). *Klimakatastrophe oder Katastrophenklima ? Die Berichterstattung über den Klimawandel aus Sicht der Klimaforscher.* Band 51: medien Skripten. München: Reinhard Fischer

Storch, v.H. (2003). Spiegel-Gespräch: „Wir werden das Wuppen". *Spiegel 34/2003, S.128-131*

Storch, v.H. (2007). „Wir haben noch genug Zeit". *Spiegel 11/2007 S.156-158*

Weingart P., Engels A. & Pansegrau, P. (2002). *Von der Hypothese zur Katastrophe. Der anthropogene Klimawandel im Diskurs zwischen Wissenschaft, Politik und Massenmedien.* Opladen: Leske + Budrich

Internetquellen:

Rahmstorf, S. (2005). Das ungeliebte Weder-noch. *Zeit 7/2005* (Zugriff über http://www.wissenschaft-online.de/artikel/773150)

Rahmstorf, S. (2002). Flotte Kurven, dünne Daten. *Zeit 37/2002* (Zugriff über http://hermes.zeit.de/pdf/archiv/2002/37/Flotte_Kurven_duenne_Daten.pdf)

http://www.hlug.de/medien/luft/klima/monitor/dokumente/ausgew_klimaszen.pdf (Letzter Zugriff: 15.10.2008)

http://www.sueddeutsche.de/wissen/artikel/281/118149/ (Letzter Zugriff: 2.11.2008)

http://www.wissenschaft.de/wissenschaft/hintergrund/drucken/271519.html (Letzter Zugriff: 25.10.2008)